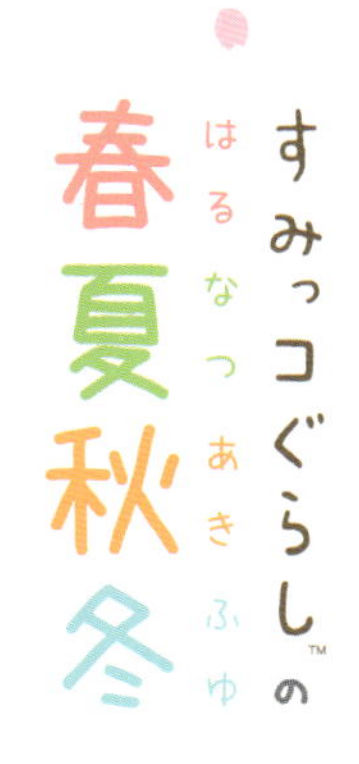

JN138618

監修　サンエックス

はじめに

あなたは、どんなことで季節を感じますか？

日本には、二十四節気と七十二候という、昔ながらの季節の分け方があります。

二十四節気は、一年を二十四に分けたもので、それぞれの期間は十五日ほど。「立春」「冬至」などです。

その節気をさらに「初候」「次候」「末候」の三つに分けたのが七十二候。それぞれの期間は五日ほどで、桜、ホタル、ツバメ、虹など、動植物や気候にちなんだ名前がついています。江戸時代には、農作業の目安にもされるなど、人々の生活に深く根ざしていました。

この本では、二十四節気と七十二候をたどることで感じられる、季節の移りかわりを紹介しています。また、その時期の草花や食べ物、習慣などについては「季節のすみっこ」でも説明していますので、ぜひ見てみてくださいね。

ページをめくれば春夏秋冬。すみっコぐらしのみんなと、日本の季節をのんびり感じてみませんか。

もくじ

春

春分

清明

穀雨

ぷぷぷ

夏

秋

立秋　りっしゅう　八月八日ごろ～　78

初候　涼風至　すずかぜいたる　79

次候　寒蝉鳴　ひぐらしなく　80

末候　蒙霧升降　ふかききりまとう　82

処暑　しょしょ　八月二十三日ごろ～　83

初候　綿柎開　わたのはなしべひらく　84

次候　天地始粛　てんちはじめてさむし　85

末候　禾乃登　こくものすなわちみのる　86

白露　はくろ　九月八日ごろ～　87

初候　草露白　くさのつゆしろし　88

次候　鶺鴒鳴　せきれいなく　89

末候　玄鳥去　つばめさる　90

秋分
しゅうぶん　九月二十三日ごろ～ 91
初候　雷乃収声　かみなりすなわちこえをおさむ 92
次候　蟄虫坏戸　むしかくれてとをふさぐ 94
末候　水始涸　みずはじめてかるる 95

寒露
かんろ　十月八日ごろ～ 96
初候　鴻雁来　こうがんきたる 97
次候　菊花開　きくのはなひらく 98
末候　蟋蟀在戸　きりぎりすとにあり 100

霜降
そうこう　十月二十三日ごろ～ 101
初候　霜始降　しもはじめてふる 102
次候　霎時施　こさめときどきふる 103
末候　楓蔦黄　もみじつたきばむ 104
行事のすみっこ ③植物 105

立冬　りっとう　十一月七日ごろ～　108

初候　山茶始開　つばきはじめてひらく　109
次候　地始凍　ちはじめてこおる　110
末候　金盞香　きんせんかさく　111

小雪　しょうせつ　十一月二十二日ごろ～　112

初候　虹蔵不見　にじかくれてみえず　113
次候　朔風払葉　きたかぜこのはをはらう　114
末候　橘始黄　たちばなはじめてきばむ　116

大雪　たいせつ　十二月七日ごろ～　117

初候　閉塞成冬　そらさむくふゆとなる　118
次候　熊蟄穴　くまあなにこもる　119
末候　鱖魚群　さけのうおむらがる　120

冬

ふろしき

しろくまのにもつ。
すみっこのばしょとりや
さむい時に使われる。

しろくま

北からにげてきた、さむがりで
ひとみしりのくま。あったかい
お茶をすみっこでのんでいる時が
いちばんおちつく。

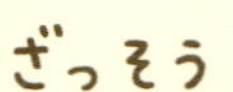

ざっそう

いつかあこがれの
お花屋さんでブーケに
してもらう!という夢を
持つポジティブな草。

ねこ

はずかしがりやで
体型を気にしている。
気が弱く、よくすみっこを
ゆずってしまう。

ぺんぎん?

自分はぺんぎん?
自信がない。
昔はあたまにお皿が
あったような…

とんかつ

とんかつのはじっこ。
おにく1%、
しぼう99%。
あぶらっぽいから
のこされちゃった…

えびふらいのしっぽ

かたいから食べのこされた。
とんかつとは
こころつうじる友。

たぴおか

ミルクティーだけ先に
のまれて吸いにくいから
のこされてしまった。

なめくじなんて
いえないよ…

にせつむり

じつはカラをかぶった
なめくじ。
うそついてすみません…

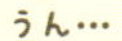

とかげ

じつはきょうりゅうの 生きのこり。
つかまっちゃうので
とかげのふり。
みんなにはひみつ。

とかげ（本物）

とかげのともだち。
森でくらしている本物の
とかげ。細かいことは
気にしないのんきな性格。

ブラック たぴおか

ふつうのたぴおかより
もっとひねくれている。

ほこり

すみっこによくたまる
のうてんきなやつら。

おばけ

屋根裏のすみっこに
すんでいる。こわがられたく
ないのでひっそりとしている。

ぺんぎん(本物)

しろくまが北にいたころに
出会ったともだち。
とおい南からやってきて
世界中を旅している。

ふくろう

夜行性だけどなかよしのすずめに
合わせてがんばって昼間に起きている。
いつもねむくて目の下にクマができている。

すずめ

ただのすずめ。
とんかつを気に入って
ついばみにくる。

春

春は、ふわふわ。
雲や草花、動物たち…
すべてがやわらかい
よそおいになります。
みんな、春が来るのを
ずっと待っていたので、
うれしくって心も
ふわふわしちゃいます。

【新暦二月四日ごろ〜】

立春

りっしゅん

春の予感がする季節

二十四節気では、立春から一年が始まります。立春をむかえると、寒さがやわらぐのももうすぐです。「春」と聞くだけでうれしくて、心がちょっぴりあたたかくなりますね。

東風解凍

はるかぜこおりをとく

やさしい風が
ふくころ

風はいつも、ひと足早く
新しい季節を知らせてくれます。
あんなに冷たかった風が、
やさしくふくようになりました。
川の氷も少しずつとけだして、
すっかりうすくなっています。
厚着していた服を
今日は一枚、へらしてみませんか。

立春 初候

【新暦二月四日〜二月八日ごろ】

季節のすみっこ

薄氷（うすらい）

春先のうすく張った氷のこと。「うすごおり」「はくひょう」とも読み、俳句では春の季語になっています。

立春 次候

【新暦二月九日～二月十三日ごろ】

黄鶯睍睆（うぐいすなく）

ウグイスがさえずるころ

ホー、ホケキョという鳥の声がどこからか聞こえてきます。

「春告鳥（はるつげどり）」とも呼ばれ、昔から人々に愛されてきたウグイスです。

軽やかなさえずりがひびくたび、寒さがゆるむようですね。

声をたよりに、早春の主人公を探してみましょう。

季節のすみっこ

メジロ

この時期、メジロが梅の枝に遊びに来ます。きれいな黄緑色の小鳥で、目のまわりが白いのが特徴（とくちょう）です。

魚上氷

うおこおりをいずる

魚が元気に泳ぎだすころ

水があたたかくなって
氷がとけてくると、
魚や水の生き物たちも
うれしくてじっとして
いられません。
パシャンと水のはねる音が
したら、だれかがダンスを
しているのかも。

立春 末候

【新暦二月十四日〜二月十八日ごろ】

春一番

立春を過ぎてから初めてふく、南よりの強い風のこと。春一番に限らず、春は風が強い日が多いので気をつけて。

雨水（うすい）

【新暦二月十九日ごろ～】

春の下準備をする季節

ふる雪がしだいに
雨にかわり、
野山をおおっていた
雪や、厚く張っていた
氷がとけて、
水になる季節です。
昔の人たちは
雨水のころになると、
農作業の準備を
始めていました。

土脉潤起

つちのしょううるおいおこる

水が大地をうるおすころ

あたたかいと思ったら
次の日は急に寒くなるなど
天気がかわりやすい
今の時期。
雨や雪どけ水が流れて、
土の中にしみこみます。
木や草花が芽を出すために
たっぷりの水がかかかせません。

雨水 初候

【新暦二月十九日～二月二十三日ごろ】

季節のすみっこ

残雪（ざんせつ）

北国や山のほうでは、まだすみっこに雪が残っていて、
本格的な春まではもうちょっと。待ちどおしいですね。

【新暦二月二十四日〜二月二十八日ごろ】

霞始靆

かすみはじめてたなびく

かすみが
ふんわりかかるころ

朝や夕方に、
うっすらと白いもやが
かかっていたら、
窓を開けて
少しながめてみて。
見慣れた景色が、
いつもよりやわらかく
見える気がしませんか？

季節のすみっこ

朧月夜（おぼろづきよ）

ぼんやりとした形のお月さまがうかんだ、春の夜空のこと。霧がかかっているので、かすんで見えるのです。

FRY
SUMIKKO
SUMIKKO

【新暦三月一日～三月五日ごろ】

草木萌動

そうもくめばえいずる

明るい緑色の芽が出るころ

冬の間じっとしていた草木が、
目を覚ましたようです。
土や枯葉(かれは)の下、木の枝などから
思い思いに芽をのばします。
新芽の明るい緑色を見ていると、
なんだか心もはずみますね。

啓蟄（けいちつ）

【新暦三月六日ごろ～】

動物たちが目覚める季節

あちこちで
楽しそうに芽を
のばす植物たち。
冬ごもりをしていた
生き物たちにも、
その様子が伝わって
くるのでしょう。
一ぴき、二ひきと
明るい春空の下に
出てきます。

啓蟄 初候

【新暦三月六日〜三月十日ごろ】

蟄虫啓戸

すごもりむしとをひらく

虫たちが外に出てくるころ

外は風も水も土も、すっかりあたたかくなっています。
寒がりさんも、思い切って外に出てみましょう！
小さな虫や生き物たちも、みんな春が来たことをよろこんでいるみたい。

季節のすみっこ

沈丁花（じんちょうげ）

歩いていると、いい香り…その正体は沈丁花です。花を見つけるより先に、そのあまい香りでわかってしまいますね。

桃始笑

ももはじめてさく

桃(もも)の花が開き始めるころ

つぼみが開く様子は、
まるでふんわり笑っているよう…
そんなかわいらしい桃の花が、
咲き始めるころです。
うす紅(べに)や白、濃(こ)いピンクなど
種類によって色はさまざま。
梅のあとに続いて、
まわりをやさしく彩(いろど)ります。

啓蟄 次候

【新暦三月十一日～三月十五日ごろ】

啓蟄 末候

【新暦三月十六日～三月二十日ごろ】

菜虫化蝶

なむしちょうとなる

青虫がきれいな
チョウになるころ

早春に生まれた
青虫たちも
さなぎになり、
羽化（うか）をむかえます。
モンシロチョウや
モンキチョウなど、
たくさんのチョウが
羽ばたくころです。

のどかな日差しの下、
ひらひらと軽やかに飛ぶ
チョウを見つけたら、
一緒にのんびりと
お散歩してみましょう。

心のむくまま歩いてみたら、
見たことのない
お花や小鳥たち…
あちこちで、すてきな春を
発見できるかもしれません。

春キャベツ

水分が多い春キャベツは、葉がやわらかく、みずみずしい歯ざわり。畑のすみっこにいる青虫も大好きな野菜です。

春分
しゅんぶん
【新暦三月二十一日ごろ～】

みんなで春を楽しむ季節

一日のうち、昼と夜の長さがほぼ同じ日です。これから夏に向かって昼が長くなります。みんなですてきな春を楽しみましょう。

お彼岸（ひがん）の時期なので、ご先祖（せんぞ）さまへ感謝の気持ちを伝えることも忘れずに。

雀始巣

すずめはじめてすくう

スズメが巣をつくるころ

そろそろ、スズメたちが
巣づくりを始めます。
どこがいいかな？
場所を決めて、材料を運んで…
新生活のどきどきと
わくわくがつまった季節。
居心地のいいすみっこが、
どうか見つかりますように。

春分 初候

【新暦三月二十一日～三月二十五日ごろ】

季節のすみっこ

ぼたもち

春のお彼岸（ひがん）に食べるぼたもちは、牡丹（ぼたん）の花が名前の由来となっています。重箱のすみの、おいしい春です。

春分 次候

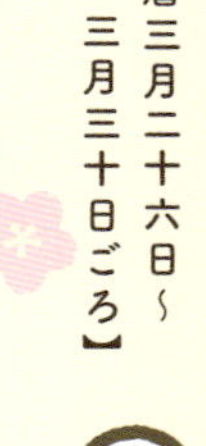

【新暦三月二十六日～三月三十日ごろ】

桜始開

さくらはじめてひらく

桜の花が咲き始めるころ

もうすぐかな。あと少しかな。
桜前線の動きにつられて、
みんながそわそわしだすころ。
出会いや別れのそばで
いつも咲いている桜。
たくさんの思い出と重なって、
ちょっぴり特別な存在に
なっているのかもしれません。

雷乃発声

かみなりすなわちこえをはっす

春の雷(かみなり)が鳴りだすころ

大きな音と光でおどろかす雷。
びっくりするし、こわいけれど、
実は「稲妻(いなずま)」と呼ばれるように
昔の人たちは雷のことを、
稲を成長させる大切な存在だと
思っていたそうです。
そう思ったら、いつもより
こわくなくなるかも…?

春分 末候

【新暦三月三十一日～四月四日ごろ】

季節のすみっこ

菜種梅雨(なたねづゆ)

「菜種」とは菜の花のこと。菜の花が咲く時期に続く、梅雨のようなぐずついた天気をこう言います。

清明（せいめい）

【新暦四月五日ごろ〜】

明るい彩り（いろどり）に あふれた季節

あったかくて
気持ちがいいと、
ついたくさん
ねちゃいますよね。
でも今は、
空の青や若葉の緑、
花びらの赤や黄色が
あざやかな季節。
春の明るい風景を
見に行きませんか？

玄鳥至（つばめきたる）

ツバメが南から飛んでくるころ

あたたかい南の国で
冬を過ごしていたツバメたちが、
日本に帰ってきました！
街中を飛びまわり、巣をつくるのに
いいすみっこがないか、探しています。
家ののき下やお店のひさしの下…
今年もどこかで、
かわいいヒナたちを見られるかしら。

清明　初候

【新暦四月五日～四月九日ごろ】

季節のすみっこ

初鰹（はつがつお）

鰹の旬は春と秋の二回。春から初夏にとれる初鰹はさっぱりした味で、江戸時代でも大人気だったそうです。

清明 次候

【新暦四月十日～四月十四日ごろ】

鴻雁北

こうがんかえる

雁(がん)が北へ
旅立つころ

南から来たツバメたちと
入れかわるようにして、
冬を日本で過ごしていた
雁たちが、旅立ちます。
これから秋まで、
しばしのお別れです。
どうか気をつけて、
行ってらっしゃい。

季節のすみっこ

鳥曇(とりぐもり)

春、わたり鳥たちが北に帰るころのくもり空のこと。心のすみに、ほんのりさみしさが残る空模様です。

虹始見

にじはじめてあらわる

雨上がりに虹（にじ）が
見え始めるころ

夏の虹とちがい、
あわくてすぐに消えて
しまいそうな春の虹。
「はかない」という言葉が
ぴったりですね。
もし見つけられたら、
すてきな一日が
過ごせそう！

【新暦四月十五日〜四月十九日ごろ】

穀雨（こくう）

【新暦四月二十日ごろ〜】

めぐみの雨が
ふる季節

春も終わりに
近づくころになると、
田畑では作物の
種まきが始まります。
今は、作物が育つのを
手伝ってくれる雨が
たくさんふる季節。
みんな芽を出しては
空に向かって
緑の葉をのばします。

葭始生

あしはじめてしょうず

葦(あし)の芽が力強くのびてくるころ

このころ、水辺に芽を出す葦。日本の神話の中では、勢いよくのびるその芽が神さまの生まれ出る様子にたとえられるなど、古くからゆかりのある植物です。小さくてとがった葦の芽、見つけられるかな？

【新暦四月二十日～四月二十四日ごろ】

季節のすみっこ

春の山菜

野山や林では、山菜がたくさん顔を出しています。ぜんまい、わらび、たらの芽など…春の味を楽しみましょう。

ひかげぼっこ
きゅうり

霜止出苗

しもやみてなえいずる

霜が終わり
稲の苗が育つころ

うららかな春の空の下にいると、
心も体もほんわかしてきます。
いつしか霜もおりなくなり、
気がつけばまもなく
田植えの季節です。
稲の苗がすくすくと
育っています。

穀雨 次候

【新暦四月二十五日〜四月二十九日ごろ】

【新暦四月三十日〜五月四日ごろ】

牡丹華

ぼたんはなさく

牡丹(ぼたん)の花が咲くころ

大きな花びらが重なりあって
咲く牡丹の花は、
はなやかで気品がありますね。
そんな牡丹の花が
咲き始めるころになると、
新茶の季節です。
八十八夜(はちじゅうはちや)が過ぎると、
いよいよ夏が始まります。

季節のすみっこ

八十八夜(はちじゅうはちや)

童謡(どうよう)「茶摘(ちゃつ)み」にもある「夏も近づく八十八夜…」は、立春(りっしゅん)から数えて八十八日目、今の暦(こよみ)で五月二日ごろのこと。

行事のすみっこ

①食べ物

おすし

昔も今も、お祝いごとやおめでたい席で食べるものといったらおすしが定番ですね。にぎりずし、いなりずし、ちらしずし、巻きずし…種類もさまざまです。

もとは鮒などの魚の塩づけと、ご飯を一緒につけこんでから食べる「なれずし」という保存食がおすしの原型だと言われています。今のような形になったのは、江戸時代からです。

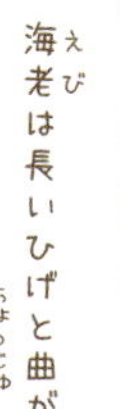

縁起物

海老は長いひげと曲がった腰の様子から、長寿の願いがこめられています。鯛は「めでたい」、昆布巻きは「よろこぶ」という言葉にかかっています。おいしく食べて、願いがかなうといいですね。

夏

夏は、きらきら。
お日さまが主役の
お昼も楽しいけれど、
あい色の夜空の下で
見るきらきら花火は
とってもきれい。
ずっと忘れられない
夏の思い出です。

あ…

立夏（りっか）

【新暦五月五日ごろ〜】

青空が夏を告げる季節

さわやかな空気に、空はからりと晴れて明るい日差しがふりそそぎます。梅雨（つゆ）が来るまでの短い期間ですが、今は暑さも湿気（しっけ）もほとんどなく、お洗濯日和（せんたくびより）のいい天気が続きます。

蛙始鳴

かわずはじめてなく

カエルの合唱が聞こえるころ

耳をすませてみると、カエルの鳴き声が水辺から聞こえてきます。そして、卵からはおたまじゃくしが生まれ、外の世界に向かって元気に泳ぎだすころです。

【新暦五月五日～五月九日ごろ】

季節のすみっこ

鯉のぼり

「鯉は滝を登ると龍になる」という中国の言い伝えから、五月五日の端午の節句に子どもの成長を願ってかざります。

蚯蚓出
みみずいずる

【新暦五月十日～五月十四日ごろ】

土を耕すミミズが活躍（かつやく）するころ

田んぼや畑の土を
栄養たっぷりにしてくれるミミズが、
地面から出てくるころです。
農作業をしていた人々にとっては
季節の名にするほど、大切な存在だったんですね。
それにしてもさわやかな風がふいて、
つい外でうとうとしたくなる陽気です。

すみっ湖
z z
z z

【新暦五月十五日～五月二十日ごろ】

竹笋生（たけのこしょうず）

筍（たけのこ）が顔を出すころ

芽が出たと思ったら、どんどんのびて…
あっという間に長い竹になります。
今はたくさんの植物が育つ時期ですが、
中でも筍は成長がとっても早くて
一日に数十センチものびるのだそう。
小さくても、筍には空に向かってのびていく
強い力がつまっているんですね。

筍（たけのこ）

筍は、地面に顔を出す前のほうがおいしいですよ。
竹の根もとの土を軽くふみながら、探してみましょう。

小満（しょうまん）

【新暦五月二十一日ごろ～】

みんなが成長する季節

植物も動物も人も、
活気にあふれている
この季節。
前の年の秋に
種をまいた麦が
たくさんの実をつけ、
かり入れの時期が
近づいてきました。
麦の収穫（しゅうかく）が終わると、
そのあとすぐに
田植えが始まります。

小満 初候

【新暦五月二十一日～五月二十五日ごろ】

蚕起食桑
かいこおきてくわをはむ

カイコが桑(くわ)の葉を食べるころ

カイコが、まゆをつくるために
桑の葉をたくさん食べる時期です。
動物たちも、みんな
いきいきと活動しています。
おいしいごはんをたくさん食べて、
明るい日光をあびて、
毎日元気に過ごしたいですね。

季節のすみっこ

空豆(そらまめ)

さやが空に向かってつくことから「空豆」と言われます。
大きなさやはふわふわで、まるで豆をくるむお布団(ふとん)のよう。

紅花栄

べにばなさかう

紅花（べにばな）がたくさん咲くころ

アザミに似た、
黄色のぽわぽわとした
かわいい花をつける紅花。
その花びらは
赤色の染料になります。
花は黄色なのに
赤い色が取れるって、
ちょっと不思議ですね。

小満　次候

【新暦五月二十六日～五月三十日ごろ】

季節のすみっこ

青嵐（あおあらし）

初夏のころに、青々としげる葉の間を勢いよくふきぬける、さわやかな風のこと。「せいらん」とも読みます。

【新暦五月三十一日～六月五日ごろ】

麦秋至

むぎのときいたる

麦の収穫が始まるころ

麦を収穫するこの時期は「麦秋」「麦の秋」と呼ばれます。「秋」には、実を収穫する時期という意味もあるのです。季節は初夏ですが、麦がこがね色に色づく様子は、まるで稲が実った秋の風景のようでもありますね。

季節のすみっこ

衣がえ

六月一日は衣がえの日。クローゼットやタンスのすみっこも、忘れずにきちんと入れかえましょう。

芒種（ぼうしゅ）

【新暦六月六日ごろ～】

梅雨（つゆ）の雨雲が近づく季節

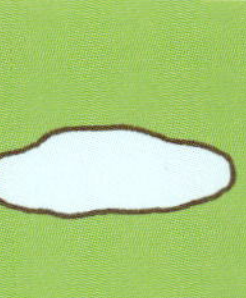

麦のかり入れが
ようやく終わったと
思ったら、今度は
田植えがいそがしく
なるころです。
そして、遠くからは
ねずみ色の雨雲が
近づいてきました。
そろそろ梅雨が
始まりそうですね。

蟷螂生
かまきりしょうず

【新暦六月六日〜六月十日ごろ】

カマキリの子どもが生まれるころ

カマキリの子どもたちがいっせいに
卵からかえって、野原に出てきます。
大きなカマがちょっとこわくて
かっこいいカマキリは、
農作物につく小虫を
食べてくれることもあるんです。
カマキリが来てくれたら、
きゅうりの栽培(さいばい)もうまくいくかも…？

腐草為螢

くされたるくさほたるとなる

ホタルが土の中から
かえるころ

土の中でさなぎからかえり、
枯草(かれくさ)の下から
出てくるホタル。
それを見て昔の人は
枯草がホタルになったと
思っていたのだとか。
ホタルが飛び立つころ、
梅雨(つゆ)が始まります。

芒種 次候

【新暦六月十一日〜六月十五日ごろ】

季節のすみっこ

五月雨(さみだれ)

この「五月」は、旧暦(きゅうれき)の五月のこと。今の時期にふり続く雨のことを指しているのです。

芒種 末候

【新暦六月十六日～六月二十一日ごろ】

梅子黄（うめのみきばむ）

梅の実が黄色に色づくころ

雨のふり続くこの時期は、
梅の実が熟すころでもあります。
まだ青くてかたい梅の実は
梅酒や梅ジュースにするのがおすすめですが、
黄色く熟した梅の実からは
やわらかくておいしい梅干しができます。
おにぎりの具にもぴったり。

紫陽花（あじさい）

花びらが四枚あることから「四片（よひら）」とも言われる紫陽花。
雨つぶをうけて、街角で色あざやかな花を咲かせます。

・・・
ぷに

夏至（げし）

【新暦六月二十二日ごろ～】

夏が少しずつ深まる季節

今日は、一年で
一番昼が長い日です。
明日からはまた、
だんだんと日が短く
なっていきます。
そう聞くと、なんだか
もう夏が終わって
しまうような…？
いえいえ、これからが
夏本番ですよ！

乃東枯
なつかれくさかるる

ウツボグサの花が落ちるころ

初夏にむらさき色の小さな花をたくさん咲かせるウツボグサ。「夏枯草（なつかれくさ）」とも呼ばれます。花が落ちたあとの部分は薬になるので、昔から大切にされてきました。

夏至　初候

【新暦六月二十二日～六月二十六日ごろ】

季節のすみっこ

短夜（みじかよ）

夏の夜を表す言葉で、「たんや」とも読みます。花火やお祭り…短くても、夏の夜は楽しみがたくさんありますね。

【新暦六月二十七日〜七月一日ごろ】

菖蒲華

あやめはなさく

梅雨（つゆ）を知らせるアヤメが咲くころ

梅雨が始まるころ、
むらさきのあざやかな
アヤメの花が咲きます。
同じ仲間の
カキツバタやショウブと
とっても似ているのですが、
よーく見てみると…
実はちがうんです。

季節のすみっこ

アヤメ

花びらの根もとにあみ目模様があり、かわいた草地に咲きます。校庭や公園のはじっこで見かけませんでしたか？

半夏生
はんげしょうず

カラスビシャクが生えてくるころ

「半夏（はんげ）」とも呼ばれる
カラスビシャクが生えるころ、
そろそろ田植えの作業が
終わりをむかえます。
いそがしかった農作業も、
ようやく一段落。
みんなで、ちょっと
ひと休みしましょう。

夏至 末候

【新暦七月二日～七月六日ごろ】

【新暦七月七日ごろ〜】

小暑（しょうしょ）

夜空を見上げたくなる季節

長く続いた梅雨（つゆ）も、
ようやく終わりに
さしかかります。
七夕（たなばた）の夜は、毎年
晴れるか晴れないか、
天気予報が
気になりますよね。
笹（ささ）の葉につける
短冊（たんざく）に、今年は
何を書こうかな？

温風至

あつかぜいたる

夏のあつい風がふくころ

南からふいてくる風が、ぐんぐんと気温を上げていきます。急に暑くなる日も出てきて、体調をくずしやすい時期。水分をしっかりとって、夏バテにならないよう気をつけましょうね。

小暑 初候

【新暦七月七日～七月十一日ごろ】

なつばて

季節のすみっこ

きゅうり

さっぱりした味とたっぷりの水分が、夏バテ予防にぴったりのきゅうり。昔は、あまり人気じゃなかったみたい…。

小暑 次候

蓮始開

はすはじめてひらく

蓮の花が咲くころ

【新暦七月十二日～七月十六日ごろ】

うす紅色の花びらを持つ
蓮の花が開き始めると、
南のほうからだんだんと
梅雨明けの知らせが届きます。
公園の噴水や池、川の土手…
水辺で過ごしたくなる
今日このごろですね。
海開きが待ちどおしいです。

季節のすみっこ

蓮

花がたくさん咲く様子は、まるで夢のようにきれいです。
花は午後にはしぼむので、早い時間に見に行きましょう。

鷹乃学習

たかすなわちわざをならう

鷹(たか)の子どもが飛ぼうとするころ

鷹の子どもたちが、
親から飛び方や
狩(か)りの仕方を習います。
もうじき始まる
楽しい夏休みに
心はうきうきしますが、
鷹の子どもたちのように、
きちんと勉強もしなくちゃね。

小暑 末候

【新暦七月十七日～七月二十二日ごろ】

【新暦七月二十三日ごろ〜】

大暑（たいしょ）

夏本番の季節

雲の間から金色の
太陽が顔を出して、
いよいよ夏本番！
昔の人たちは、
風鈴（ふうりん）の音を聞いたり
打ち水をしたり…と、
五感ですずしく
感じるような工夫を
していたんですって。

桐始結花

きりはじめてはなをむすぶ

桐(きり)の花が実を結ぶころ

初夏にうすむらさき色の
小さな花を咲かせる桐。
その花が実を結ぶころには、
暑さも本格的になってきます。
あまくて冷たいかき氷を食べて、
すずしくなりましょう。
でも急いで食べると、
頭がいたくなっちゃいますよ。

【新暦七月二十三日～七月二十八日ごろ】

【新暦七月二十九日～八月二日ごろ】

土潤溽暑
つちうるおうてむしあつし

むし暑さが
つのるころ

地面も空気もむしむしして、
じっとりとまとわりつくような
暑さが続きます。
こんなときは、思い切って
外へ水遊びに出かけましょう！
昔の人たちも、暑い季節には
川に船をうかべて
すずんでいたそう。

季節のすみっこ

朝顔

夏の朝、赤むらさきや青むらさきの花を咲かせる朝顔。家の玄関や庭先で見かけると、心が晴れやかになりますね。

いつもとちがうところは、
ちょっぴりどきどきします。
けれど、いつもとちがうからこそ、
わくわく楽しい水遊び。
水しぶきがあたるのだって
慣れたら、きっと大丈夫。

【新暦八月三日〜八月七日ごろ】

大雨時行

たいうときどきにふる

にわか雨が
夕方にふるころ

青空に、もくもく白い入道雲(にゅうどうぐも)。
とても夏らしいながめですが、
そんな日は夕立に気をつけて。
雷が鳴ったと思ったら、
ざあっと大つぶの雨。
ひとときの通り雨は、
ほてった地面を冷やしてくれます。

季節のすみっこ

なめくじ

湿(しめ)ったところが好きで、雨の日の道ばたや公園のすみっこによくいます。かたつむりとは、ちょっとちがう…？

②遊び

金魚すくい

縁日（えんにち）は、夏の一大イベント。並んだ屋台は、輪なげに射的やヨーヨーつり…どれも楽しそうですね。

中でも一番人気の遊びと言えば、金魚すくい。金魚をすくう遊びは、江戸時代の終わりごろからありましたが、今のように和紙のポイを使うようになったのは大正時代から。また、和紙ではなくモナカのポイを使う地域もあります。

お正月遊び

お正月は、昔の遊びをしてみるいいチャンスです。たこあげは広い場所が必要ですが、福笑いやかるた、けん玉など、家の中で遊べるものもあります。遊びのつもりが、つい本気になったりして…。

秋は、さわさわ。
あちらこちらで、
枯葉がおどります。
風や虫、果物たちの
楽しいおしゃべりも、
さわさわと聞こえて
きませんか？

とかげ

立秋（りっしゅう）

【新暦八月八日ごろ～】

ひと足先に
秋を伝える季節

暦（こよみ）の上では、今日から
秋の始まりです。
この日をさかいに、
お便りも
「暑中見舞（みま）い」から
「残暑見舞い」に
なります。
照りつける太陽を
見ていると、まだ
夏が続くようですが、
秋は来ているのです。

涼風至

すずかぜいたる

さわやかな風を感じるころ

昔は今よりもすずしかったようですから、このころにはもう、風にほんのり秋の気配があったのかもしれませんね。

昼間は暑いので、朝早いうちに体を動かして、しゃきっと目覚めましょう。

立秋　初候

【新暦八月八日～八月十二日ごろ】

【新暦八月十三日〜八月十七日ごろ】

寒蟬鳴（ひぐらしなく）

ヒグラシがさみしそうに鳴くころ

カナカナ…と鳴くヒグラシ。
夕暮れどきに聞こえると、
そこはかとなく
さみしい気持ちになります。
ひまわりも咲いているのに、
まるで急に秋になったような…
そんな気がしませんか？

季節のすみっこ

西瓜（すいか）

あまくて水分たっぷりの西瓜は、昔から暑い時期に人気でした。夏のイメージですが、実は秋の季語です。

すみっコ
ここがすずしいんです
しお

蒙霧升降
ふかききりまとう

【新暦八月十八日〜八月二十二日ごろ】

朝夕に霧が出るころ

山では朝夕の気温が下がり、
霧の立ちこめる日が出てきます。
お盆を過ぎて、夜のむし暑さも
心持ちやわらいできたでしょうか。
まだ暑さの残る昼下がり…
ラムネやサイダーの
しゅわしゅわとしたのどごしは、
やっぱり格別です。

季節のすみっこ

新生姜（しんしょうが）

水分が多く、やさしいからさ。甘酢（あまず）づけや炊きこみごはんなどにして、さわやかな風味を楽しみたいですね。

処暑（しょしょ）

【新暦八月二十三日ごろ～】

暑さがやわらぐ季節

うだるような暑さが
一段落して、
だいぶ夜も
過ごしやすく
なってきましたね。
あれほどひびいて
いたセミの声も、
いつしかまばらに。
田んぼでは、稲が
緑色からこがね色に
かわってきます。

【新暦八月二十三日～八月二十七日ごろ】

綿柎開

わたのはなしべひらく

綿花（めんか）の収穫（しゅうかく）が始まるころ

綿（わた）の木の実が
熟してはじけると、
中から白くてふわふわした
綿花が顔を出します。
秋冬をあたたかく
過ごすための衣服や、
ぬいぐるみをつくるのに
かかせない材料になります。

天地始粛

てんちはじめてさむし

夏の熱気がしずまるころ

空や大地にこもっていた熱がゆっくりとぬけて、暑さがおさまってきました。今の時期は台風がよく来るので、前もってしっかり備えておきましょうね。

【新暦八月二十八日～九月一日ごろ】

季節のすみっこ

二百十日（にひゃくとおか）

立春から数えて二百十日目（今の暦（こよみ）で九月一日ごろ）は台風が多い日とされ、昔の人たちは注意していました。

【新暦九月二日～九月七日ごろ】

禾乃登

こくものすなわちみのる

稲が実りを むかえるころ

夏の日差しをたっぷりあびて
栄養をたくわえた稲が、
重たそうに頭（こうべ）をたれるように
なりました。
稲穂（いなほ）がさわさわとさざめき、
まるで波うつ金色の海のよう。
収穫（しゅうかく）はもうじきです。
今から新米が楽しみですね。

季節のすみっこ

エノコログサ

ねこじゃらしのこと。ふさふさの穂先（ほさき）が犬のしっぽに似ているので「犬ころ草」→「エノコログサ」となりました。

白露（はくろ）

【新暦九月八日ごろ～】

空気がさわやかな季節

空気がだんだんと
冷えてきました。
朝早くは、
葉っぱの上に
ころんと丸い露（つゆ）を
見つけられる
かもしれません。
空気がすんで、夜は
月がきれいに見える
このごろです。

草露白

くさのつゆしろし

【新暦九月八日〜九月十二日ごろ】

草花の露(つゆ)が白く光るころ

しだいに秋の気配が深まり、草花に露がおりるころ。日によっては、昼と夜の気温差が大きくなります。お散歩日和(びより)の午後は、公園や街のかたすみにある小さい秋を見つけに行きませんか？

季節のすみっこ

アキアカネ

秋の初め、街角でも見かける赤とんぼです。暑い夏の間は山にいて、秋になると下におりてくるのです。

鶺鴒鳴
せきれいなく

セキレイがさえずるころ

細長い尾を振ったり、
早足で歩いたりする姿が
かわいらしいセキレイ。
もともとは山や水辺に
いることの多い鳥ですが、
種類によっては
街中でも見られるので、
ぜひ探してみて。

白露 次候

【新暦九月十三日～九月十七日ごろ】

十五夜

旧暦の八月十五日は中秋の名月。今の暦とずれがあるので、毎年九月初めから十月初めの間と、日付がかわります。

白露 末候

【新暦九月十八日～九月二十二日ごろ】

玄鳥去

つばめさる

ツバメが別れを告げるころ

春に来たツバメたちが
子どもを育て終え、
あたたかい南へ旅立ちます。
いつの間にか、
空が高くなってきていますね。
そろそろ扇風機(せんぷうき)をしまって、
秋ものの服を出しましょうか。

秋分（しゅうぶん）

【新暦九月二十三日ごろ～】

秋の草花がきれいな季節

秋分は春分と同じく、
一日の昼と夜の長さが
ひとしい日です。
お彼岸（ひがん）の時期ですが、
春のお彼岸に対して
秋は「後（のち）の彼岸」と
言われます。
すっかり秋めいて、
秋の草花が
美しく咲いています。

【新暦九月二十三日～九月二十七日ごろ】

雷乃収声

かみなりすなわちこえをおさむ

雷(かみなり)の音がおさまるころ

夏の間、さわいでいた雷の出番も、
そろそろ終わり。
さらりとした秋晴れが
続くようになりました。
真っ青な空に、おだやかな風が
雲の間をふきわたっています。
こんな日はお弁当を用意して、
お外ごはんを楽しみましょう。

季節のすみっこ

はぎ

秋の七草のひとつで、赤むらさきの小花をつけます。秋のお彼岸(ひがん)に食べる「おはぎ」の名前は、この花が由来です。

MAYO

【新暦九月二十八日～十月二日ごろ】

蟄虫坏戸

むしかくれてとをふさぐ

虫たちが土にこもるころ

虫たちが、冬ごもりの
準備を始めるころです。
土の中や木のうろ、岩の間…
あったかくて
居心地のいいすみかを
見つけられたら、
のんびり春を待ちましょう。

季節のすみっこ

彼岸花（ひがんばな）

真っ赤な花がたくさん咲くと、迫力（はくりょく）があって少しこわいくらいの美しさ。全体に毒があるので、気をつけましょう。

水始涸
みずはじめてかるる

稲かりが始まるころ

稲が、待ちに待った収穫（しゅうかく）の時期をむかえました。新しいお米はいつもよりつやつや、ふっくらとしてとってもおいしいですね！お米のひとつぶひとつぶには、心も体も元気になる不思議な力がある気がしませんか？

【新暦十月三日～十月七日ごろ】

季節のすみっこ

金木犀（きんもくせい）

秋を思わせる香りといえば、だいだい色の小花をつける金木犀。白い小花で香りがひかえめな、銀木犀（ぎんもくせい）もあります。

【新暦十月八日ごろ～】

寒露

かんろ

彩り豊かな収穫の季節

本格的な秋がやってきました。田んぼでは今や稲かりの真っ最中。そして畑や庭先では、赤や黄に色づいた果物がたくさん実っています。冬に備えた、収穫の季節です。

鴻雁来

こうがんきたる

雁（がん）が北から飛んでくるころ

雁などの鳥たちが、
冬を過ごすために
また日本へやってきました。
隊列を組んで遠い空を
旅してきた、わたり鳥たち。
その鳴き声で、
「もうすぐ冬だよ」と
みんなに伝えてくれます。

寒露 初候

【新暦十月八日～十月十二日ごろ】

季節のすみっこ

鰯雲（いわしぐも）

秋の空にうかぶ、鰯の群れのような形の雲。ふわっとしていますが、実は低気圧が近づいているサインです。

菊花開

きくのはなひらく

【新暦十月十三日〜十月十七日ごろ】

青空の下、
菊が咲くころ

各地で菊祭りが開かれるころです。
黄色や白、ピンクなど
色も大きさもさまざまな種類の菊の花は、
すみわたった青い空によく映えます。
天気のいい日には、
きのこ、なし、ぶどうなど
秋の味覚狩りに出かけるのもおすすめです。

季節のすみっこ

さつまいも

秋を代表する味。実はとれたてより、半月以上貯蔵したもののほうが、あまみが増しておいしいんだそうです。

とかげ

寒露 末候

【新暦十月十八日〜十月二十二日ごろ】

蟋蟀在戸

きりぎりすとにあり

虫の音が聞こえるころ

日が落ちるのが早くなり、夜が長く感じられるようになりました。

さえざえとした空気の中、月明かりの下では虫たちが秋の音楽をかなでています。しばらくの間、ひびく音色に耳をかたむけてみましょう。

季節のすみっこ

むししぐれ
虫時雨

コオロギ、スズムシ、マツムシ…草むらのすみっこで秋の虫たちがいっせいに鳴く様子を、雨音になぞらえた言葉。

霜降（そうこう）

【新暦十月二十三日ごろ〜】

秋らしさを味わう季節

秋がひときわ深まってきました。山間では早朝に霜（しも）がおりるようになるころです。冬が来る前に、色あざやかな紅葉の景色や、楽しい秋の夜長を味わいましょう。

【新暦十月二十三日〜十月二十七日ごろ】

霜始降

しもはじめてふる

霜(しも)が初めておりるころ

一日ごとに、朝夕の冷えこみがきびしくなってきました。
初霜の知らせが各地で届くころです。
すっかり長くなった秋の夜ですが、楽しく過ごしたいですよね。
本を読んだり、絵をかいたり、おいしいものを食べたり…
思い思いのテーマを見つけませんか?

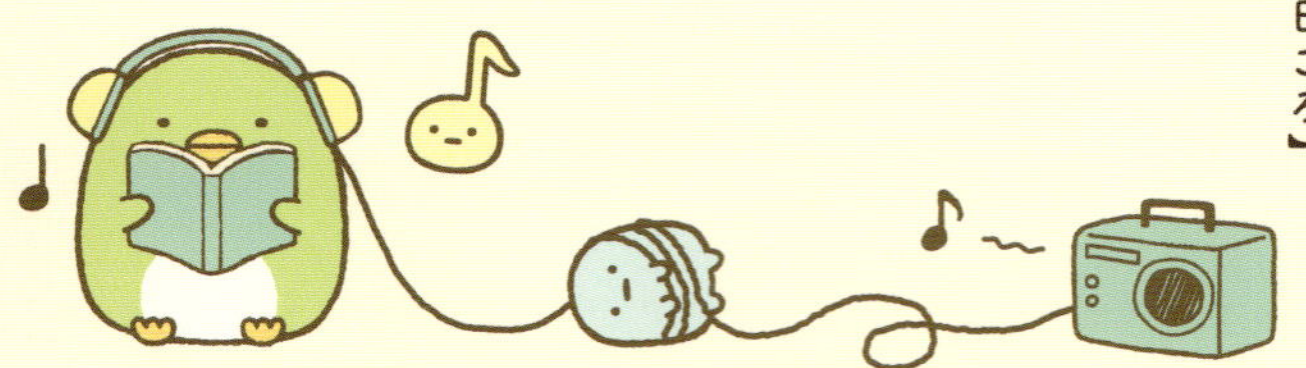

季節のすみっこ

秋の七草

はぎ・すすき・くず・なでしこ・おみなえし・ふじばかま・ききょうの七種類。秋の風情(ふぜい)が感じられる植物です。

霎時施

こさめときどきふる

冷たい小雨がふるころ

天気がくずれ、
小雨がふりがちなころ。
夏の夕立のような
はげしさはありませんが、
ぱらぱらとふってくる
通り雨の音を聞いていると、
なんとなくさみしいような、
せつないような気持ちになります。

霜降 次候

【新暦十月二十八日〜十一月一日ごろ】

季節のすみっこ

時雨（しぐれ）

秋の終わりから冬の初めにかけてふる、にわか雨のこと。秋は天気が変わりやすく、雨がよくふる時期です。

霜降 末候

【新暦十一月二日〜十一月六日ごろ】

楓蔦黄（もみじつたきばむ）

木の葉が黄色になるころ

モミジやツタなどの木の葉が、赤や黄色に色づいてきました。

ひとくちに赤、黄と言っても、赤なら朱（しゅ）色や海老茶（えびちゃ）色、黄色なら黄土（おうど）色やからし色など…さまざまな色合いが私たちの目を楽しませてくれます。

季節のすみっこ

野山の錦（にしき）

「錦」とは多色の糸で織られた、きれいな模様の織物のこと。美しく紅葉した秋の野山のことを表しています。

③植物

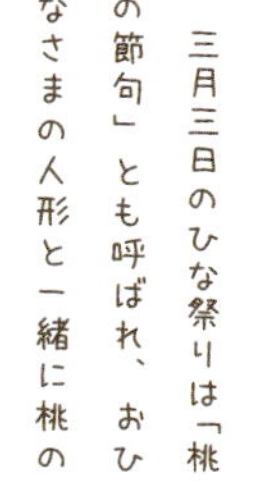

桃(もも)

三月三日のひな祭りは「桃の節句」とも呼ばれ、おひなさまの人形と一緒に桃の花を供えます。

桃には、邪気(じゃき)（病気などをひき起こす悪い気）をはらう力があるとされているので、女の子のすこやかな成長をいのって、かざられるようになりました。

もとは中国が原産ですが、縄文時代にはすでに日本にあったそうですよ。

笹(ささ)

七夕(たなばた)は、日本の行事である「棚機(たなばた)」と中国の行事が合わさって、今の形になったと言われています。

「笹の葉さらさら…」と歌にあるように、願い事を書いた短冊(たんざく)を笹につけるのは、日本ならではの風習だそう。

冬

冬は、ぬくぬく。
外が寒くても大丈夫。
あったかいお風呂に
入って、すてきな
時間を過ごしたら、
心も体も
ぬくぬくしますね。

ほわ〜

【新暦十一月七日ごろ~】

立冬(りっとう)

冬の気配が訪れる季節

朝夕の風が
日ましに冷たく
なってきました。
枯葉(かれは)が舞(ま)う景色は
まだ秋のようですが、
暦(こよみ)の上では、今日から
冬の始まりです。
あたたかい飲み物で
ほっとひと息、
つきましょう。

山茶始開

つばきはじめてひらく

山茶花の花が咲くころ

冷たく強い北風の
木枯らし一号がふくころ、
ピンク色の山茶花の花が、
ぽつぽつと咲き始めます。
椿とまちがいやすいのですが、
ひと足先に咲くのが山茶花です。
色の少ないこの季節、
街をはなやかに彩ります。

【新暦十一月七日～十一月十一日ごろ】

季節のすみっこ

山茶花

椿の仲間で、晩秋から冬にかけて花を咲かせます。椿とちがい、花びらが一枚ずつ落ちるように散るのが特徴です。

立冬 次候

【新暦十一月十二日〜十一月十六日ごろ】

地始凍

ちはじめてこおる

大地がこおり始めるころ

ぐっと冷えこんだ日の朝は、土の上に霜柱（しもばしら）が立っているのが見えるかもしれません。北国では初雪の知らせが届き始めるころです。あたたかくして冬支度を整えましょう。

季節のすみっこ

千歳飴（ちとせあめ）

十一月十五日の七五三と言えば千歳飴。子どもがすこやかで長生きするように、という願いがこめられています。

金盞香

きんせんかさく

スイセンの花が
香るころ

「金盞（きんせん）」とは、スイセンのこと。
寒い雪の中でも
花を咲かせることから
「雪中花（せっちゅうか）」とも呼ばれます。
寒さに負けずに、
一生けんめい咲く様子が
とてもけなげに見えますね。

立冬 末候

【新暦十一月十七日～十一月二十一日ごろ】

【新暦十一月二十二日ごろ～】

小雪（しょうせつ）

雪が舞（ま）い始める季節

北国や山間では、
雨のかわりに
雪のちらつく日が
増えてきました。
つもるのは
もう少し先でしょうか。
寒い日が続きますが、
そんなときはみんなで
おしくらまんじゅう。
体がぽかぽかに
なりますよ。

虹蔵不見

にじかくれてみえず

虹が見えなくなるころ

このころになると
日差しがだんだんと弱まり、
虹が出にくくなります。
春が来るまでしばらくは、
虹とさようなら。
かぜをひきやすい時期なので、
夜はあたたかくして
過ごしましょうね。

小雪　初候

【新暦十一月二十二日〜十一月二十六日ごろ】

季節のすみっこ

ふくら雀（すずめ）

寒い季節に羽をふくらませて、まんまるになったスズメのことをこう呼びます。スズメも冬のよそおいですね。

小雪 次候

【新暦十一月二十七日〜十二月一日ごろ】

朔風払葉

きたかぜこのはをはらう

北風が木の葉を散らすころ

モミジやツタに続いて、
イチョウの葉も
黄色くなってきました。
北風が、枝に残った葉っぱを
はらはらと散らしていきます。
日がしずんで夜になると、
ぐんと冷えこみますね。

ストーブやコートの用意はできていますか？

季節のすみっこ

小春日和（こはるびより）

冬の初めのころの、春のようにおだやかであたたかい天気のこと。「春」の字が入りますが、今の時期の言葉です。

【新暦十二月二日〜十二月六日ごろ】

橘始黄

たちばなはじめてきばむ

橘(たちばな)の実が黄色く熟すころ

冬は、かんきつ類が
実を結ぶ季節。
橘と同じかんきつ類の
みかんやきんかんは、
冬の味覚として
なじみ深い果物です。
そして冬といえば、やっぱり
こたつでみかんですよね。

季節のすみっこ

橘(たちばな)

日本古来のかんきつ類で、神聖な植物とされてきました。残念ながら、果実はすっぱいので食べられません。

大雪（たいせつ）

【新暦十二月七日ごろ〜】

雪がふりつもる季節

北国では、厚いなまり色の雲が太陽をふさぎ、野山や家々の屋根に雪がふりつもるようになりました。本格的な冬の訪れに、動物も人も、みんなあわただしくなる季節です。

閉塞成冬

そらさむくふゆとなる

冬が本番を
むかえるころ

毎年、初めて雪がつもった日は、
少し特別です。
雪かきは大変ですが、
雪だるまや雪うさぎ、雪合戦…
たまには
子どものころにもどって、
思い切り雪と遊んでみませんか？

季節のすみっこ

南天（なんてん）

「難を転じる」ことから、厄（やく）よけとして庭のすみに植えられることも。赤い実は雪うさぎの目に、葉は耳になります。

熊蟄穴

くまあなにこもる

熊が穴にこもるころ

山にいる熊が、冬ごもりを始めるころです。

動物たちは、冬眠したり冬用の毛に生えかわったりと、寒さをしのぐ工夫をいろいろとします。

ふろしきも、一枚あるとあったかいですよね。

大雪 次候

【新暦十二月十二日〜十二月十六日ごろ】

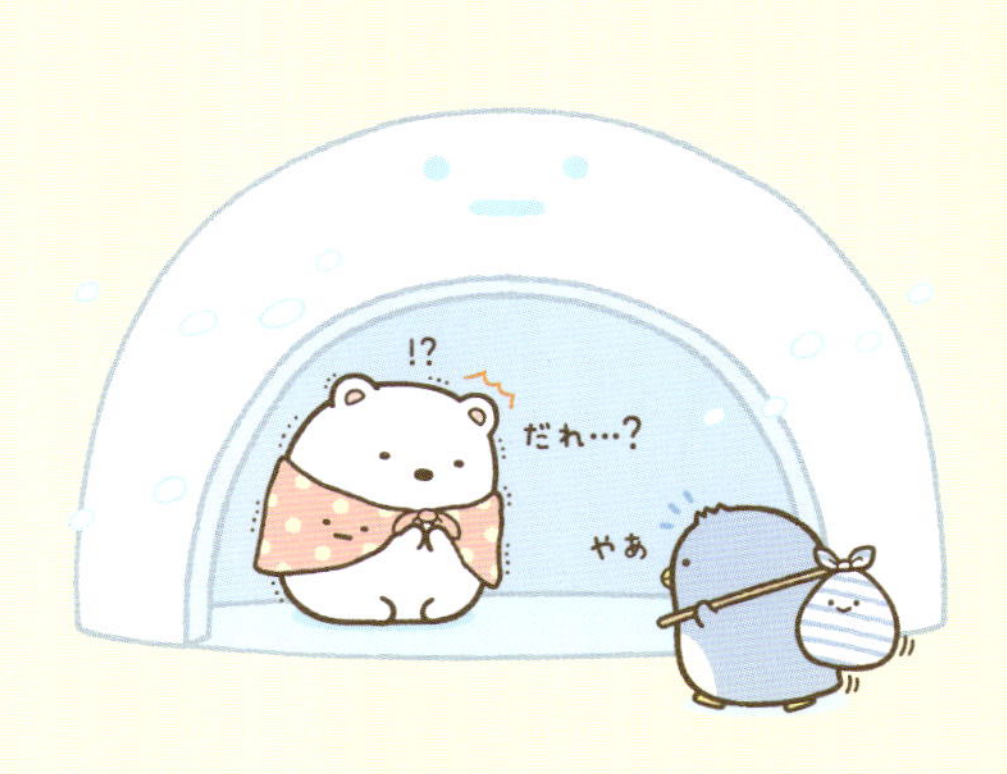

季節のすみっこ

蓮根（れんこん）

土の下にのびた、蓮の茎の部分。穴が開いていることから「先を見とおす」として、縁起のいい食べ物とされています。

大雪　末候

【新暦十二月十七日〜十二月二十一日ごろ】

鱖魚群

さけのうおむらがる

鮭(さけ)が故郷の川に帰るころ

海にいた鮭たちが、
卵を産むために
故郷の川に帰ってきます。
年末が近づき、久しぶりに
みんなで集まることも
多い季節。
いそがしいながらも、
楽しいひとときです。

季節のすみっこ

風花(かざはな)

晴れた空に、風に舞(ま)う雪を花にたとえた言葉です。ほかにも「細雪(ささめゆき)」「六花(ろっか)」など、雪を表す言葉はたくさんあります。

冬至（とうじ）

【新暦十二月二十二日ごろ〜】

これから冬が
深まる季節

一年で一番昼が短く、
太陽の力が弱い日。
寒さはこれから
さらにきびしく
なります。
冬至といえば南瓜（かぼちゃ）。
栄養たっぷりの
南瓜を食べて、
年の瀬（せ）を元気に
乗り切りましょう。

【新暦十二月二十二日〜十二月二十六日ごろ】

乃東生

なつかれくさしょうず

ウツボグサの芽が出るころ

夏至のころに花を落とした
ウツボグサが、
ふたたび芽を出します。
寒い中でも芽を出す様子に、
元気づけられますね。
つかれた日は、いつもより
長めにお風呂につかって、
ゆっくり体を休めましょう。

季節のすみっこ

ゆず湯

冬至の日にゆず湯に入ると、かぜをひかないと言われます。ゆずのさわやかな香りで、心も体もリフレッシュ。

麋角解

さわしかのつのおつる

鹿（しか）の角が ぬけ落ちるころ

鹿たちの角が落ち始めると、今年もおしまいです。お正月に備えて、家々では餅（もち）つきがおこなわれます。つきたてのお餅はやわらかくしっとりとして、いくらでも食べられそう。

冬至 次候

【新暦十二月二十七日～十二月三十一日ごろ】

季節のすみっこ

餅（もち）つき

年末に行う、日本の風物詩。九が「苦」に通じることから、十二月二十九日は餅つきをしない地域もあります。

冬至 末候

【新暦一月一日〜一月四日ごろ】

雪下出麦

ゆきわたりてむぎのびる

雪の下で麦が芽を出すころ

一年の最後の日である大晦日。
いてついた冬の夜空に
百八つの除夜の鐘がひびいたあと…

ついにお正月をむかえます！
初日の出、おせち料理に初詣…だれもが笑顔です。
そんなふうに新しい年が始まるころ、
麦も雪の下で、新しい芽をのばしています。

季節のすみっこ

初夢

年が明けてから初めて見る夢のこと。「一富士、二鷹、三茄子」の夢がいいと広まったのは、江戸時代からです。

すみっコぐらし神社
すみっコぐらし神社
揚
運

【新暦一月五日ごろ〜】

小寒（しょうかん）

寒さが日ましに つのる季節

朝がぐっと
冷えこむように
なりましたね。
小寒に入ることを
「寒の入り」と言い、
「寒中見舞い」を
出すのはこの日から。
まだのんびりして
いたいけれど、
そろそろお正月も
終わりです。

芹乃栄

せりすなわちさかう

せりがぐんぐんとのびるころ

せりは、シャキシャキとした食感と、青くさい香りのある春の七草のひとつ。
一月七日にみんなで七草がゆをつくって食べたら、今年一年も元気に過ごせそう。

【新暦一月五日〜一月九日ごろ】

季節のすみっこ

春の七草

せり・なずな・ごぎょう・はこべら・ほとけのざ・すずな・すずしろの七種類。すべて食べられる植物です。

水泉動
しみずあたたかをふくむ

【新暦一月十日～一月十四日ごろ】

こおった泉が動き始めるころ

冷え切った土の下で、
水がゆるやかに
動いています。
寒の入り(い)から九日目、
一月十三日ごろの「寒九(かんく)」の水は、
薬を飲むのにいいとされる
特別な水なのだそう。

季節のすみっこ

鏡開き(かがみびらき)

お正月に神さまにお供えした鏡餅(かがみもち)を下げる日です。刃物(はもの)は使わずに木づちなどで割り、みんなでいただきましょう。

雉始雊

きじはじめてなく

キジの鳴き声が聞こえるころ

ケーンケーンと声高に鳴くキジですが、実際に鳴き声が聞こえ始めるのは三月から四月ごろのこと。北国では雪が厚くつもり、大きなつららがのき先にできます。雪遊びには困りませんね。

【新暦一月十五日～一月十九日ごろ】

季節のすみっこ

ふくじゅそう
福寿草

木の下のすみっこ、地面に近いところに咲きます。明るい黄色の花が、冬のさみしい景色をはなやかにします。

【新暦一月二十日ごろ～】

大寒（だいかん）

身もこおるような冬の最後の季節

冷たい空気に、
身もこおるような
心地がします。
大寒は一年で一番
寒い時期ですが、
同時に冬の最後の
季節でもあります。
寒い中での楽しみを
味わいながら、
春を待ちたいですね。

款冬華

ふきのはなさく

ふきのとうが
顔を出すころ

このころ、山間で
深くつもった雪をよけると、
ふきのとうのつぼみを
見つけることができます。
まだ冬のさなかですが、
見えないところで
ゆっくりと
春は来ているのです。

大寒　初候

【新暦一月二十日～一月二十四日ごろ】

季節のすみっこ

椿（つばき）

冬から早春にかけて咲き、花の赤や白と葉の緑が目にもあざやかです。山茶花（さざんか）とちがい、花が丸ごと落ちます。

【新暦一月二十五日～一月二十九日ごろ】

水沢腹堅

さわみずこおりつめる

沢の水がこおりつくころ

もっとも冷えこみがきびしい今の時期は、小川にも厚い氷が張ってキンと、こおりつきます。たまには冬のスポーツで体を動かすのもいいかもしれませんね。

季節のすみっこ

春隣（はるどなり）

冬の終わりに、春がすぐそこまで来ていることを表す言葉。春を待ちどおしく思う気持ちが感じられますね。

鶏始乳

にわとりはじめてとやにつく

ニワトリが
卵を産むころ

ニワトリたちがその年
初めて卵を産むころ、
寒い冬も
ようやく終わります。
二月三日は節分の日。
豆をまいて鬼を
追いはらい、新しい春を
むかえましょう！

大寒 末候

【新暦一月三十日～二月三日ごろ】

季節のすみっこ

節分（せつぶん）

季節の節目の大切な日。豆まきのほかに柊鰯（ひいらぎいわし）をかざる、恵方巻（えほうま）きや福茶をいただくなど、多くの習わしがあります。